스토리텔링 영역별 학습만화 시리즈 – 수·연산 편

수학 비밀 일기 ⑯

등장 인물

네로
성하와 함께 지내는 고양이.
각성하면 인간 소년이 된다.
물의 힘을 가지고 있다.

주은비
성하의 단짝 친구로
항상 성하를 도와준다.

최성하
아빠가 외국에 나가 계셔서 엄마랑
단둘이 살고 있다. 네로를 만난 뒤
사건에 휘말리면서 보석의 힘을 깨
닫기 시작한다.

강도훈
수학을 잘해 성하의 수학 공부
를 도와준다. 보석요정의 정체
를 밝히려고 노력한다.

카이

네로의 친형. 네로와 같은 썬 종족이며 강한 힘을 지니고 있다.

일미

미호의 친구. 미호를 돕기보다 자신의 발명품을 만드는 데 열중한다.

미호

꼬리가 있는 여우. 자연의 힘이 있는 보석을 노린다.

X

미호와 같은 종족으로 항상 미호의 옆에 있다.

지난 줄거리

성하와 네로 일행은 스플릿의 부대장인 아무셔와 최후의 대결을 펼쳤다. 절체절명의 순간에 고래산의 정령왕이 나타나 도훈이와 신이를 구해 주고, 도훈이는 어렸을 적에 신이가 자신을 구해 주었던 사실을 알게 되었다. 도훈이는 신이에게 보답하기 위해 자신의 힘을 나누어 주었다. 정신을 차린 신이는 정령왕과 함께 아무셔 일당의 맹공격을 막아내고, 성하는 보석의 힘을 각성하는 데 성공했다. 성하의 보석 마법봉은 큰 힘을 발휘하였고 마침내 모두가 힘을 모아 아무셔 일당을 물리쳤다. 다시 찾아온 평화 속에 카이는 나중에 또 만날 것을 약속하며 자신의 세계로 돌아갔다. 앞으로 성하의 일기에는 어떤 비밀들이 쌓여 가게 될까?

차 례

16권 약수와 배수

두근두근! 새 학기의 시작

패션쇼

[약수와 배수] 학습 내용

자연수의 범위에서 약수와 배수를 알아보고, 약수와 배수의 관계를 이해하게 합니다. 어떤 두 자연수를 모두 나누어떨어지게 하는 공통인 수인 공약수를 이해하고 구하며, 공약수 중에서 가장 큰 수인 최대공약수를 구하게 합니다. 또 어떤 두 자연수의 몇 배에 해당하는 배수 중에서 공통인 배수로서 공배수를 이해하고 구하며, 공배수 중에서 가장 작은 수인 최소공배수를 구하게 합니다. 약수와 배수, 최대공약수와 최소공배수를 학습한 뒤에 일상생활에서 약수와 관련된 문제를 해결하게 하며 주어진 수가 어떤 수의 배수인지 알아보는 방법을 익히게 합니다.

제 1 화
반가운 친구들

아…….

또 이곳으로 왔다.

커다랗고 화려한 문이 있는 이곳.

아무리 애를 써도
열리지 않는 이 문
안에······.

내게 늘 힘을 주는
따뜻한 사람이
있다.

성하야~
또 왔구나.

오늘도 나는
이 문에 서서
묻는다.

이 문은 어떻게
해야 열 수
있나요?

대체 당신은
누구인가요?

시끌

벅적

우리 이제 5학년
몇 반이 되었는지
나왔어!

휘
릭

응?

성하야!

그게
정말이야?

내 이름은
최성하.

웅. 지금 복도 벽에 붙어 있어. 애들이 엄청 많아!

나도 어서 가서 봐야지!

보다시피 평범한 소녀다.

저건가 보네.

웅성

웅성

주은비 5학년 3반
최강희 5학년 1반
최나라 5학년 5반
최성하 5학년 3반

앗!!

나는 이제 5학년 3반 이구나!

우아~ 은비도 같은 반이다!

성하야!

툭

나도 너희랑 같이
5학년 3반이야.

뭐?
도훈이
너도?

도훈이는 그동안
키가 커서인지
다른 느낌이 든다.

원래도 인기가
많았는데 점점 더
많아지고……

앞으로도
잘 부탁해.

휘익

뭐. 그렇다고 내가
신경이 쓰인다는 건
절대 아니야.

안녕? 나도 5학년 3반이야!

우끼끼끼

으앗!

많이 놀랐어?

일미야!

'우끼끼 웃음소리 가득한 원숭이 로봇'이야.

일미는 좀 독특한 면이 있는 친구다.

우끼끼

우끼끼

잘 지내자!

우끼끼

일미의 취미는 발명이다. 멋진 발명품들이 많다.

정말 신기한 장난감이야.

훗~ 성하와 같은 반 되려고 힘 좀 썼지.

자. 이제 다들 배정된 반으로 가서 자리에 앉아요.

네~

이번에 5학년 3반의 담임을 맡은 김안나입니다.

와아~

1년 동안 잘 부탁해요.

네~ 선생님!

제비뽑기를 해서 자리를 정했는데, 다들 괜찮은가요?

흐음~

네. 괜찮은 것 같아요.

도훈이랑 짝이 되다니……

정말 잘됐다. 그렇지? 성하야.

아~ 응.

나도 여기야. 짝은 아니지만 가까워서 좋다.

응. 나도 정말 좋아.

친하게 지내던 친구들과 같은 반이 되어 다행이야.

▶ 정답은 22쪽에

Quiz

배수를 가장 작은 수부터 3개씩 쓰시오.

(1) 3의 배수

(   )

(2) 6의 배수

(   )

(3) 10의 배수

(   )

＊포인트: 중요한 사항이나 핵심.

꺄~ 네가 내 옷들을 입고 보석요정으로 다녔던 걸 생각하면 너무 행복해.

샤 랄 라

은비는 내 비밀을 알고 있는 유일한 친구다.

내가 인터넷을 떠들썩하게 만든 그 유명한 '보석요정' 이라는걸.

조~ 용~

끼이익

내 발명 연구소에
새로운 기계들이 필요한
데, 미호의 도움을
받아낼 기회인 것
같아.

뚜 뚜 뚜

성하와
친구들이 가는
패션쇼라······.

분명히 미호가 관심
있어 할 거야.

고오오

성하야,
걱정하지 마.

응?

번쩍

네가 보석요정
이라는 비밀은 내가
무슨 일이 있어도
지켜 줄 거야.

그러니까 뭐든
도움이 필요하면
나에게 말해.

하하~ 고마워.

나의 비밀은
보석요정······.

이제 그 비밀이
사라져 버린 것 같아.

정말 그 모든 일들이 꿈꾼 것처럼 느껴져.

그렇게 웃고 울었던 모든 시간들이……

마치 꿈처럼 느껴져.

아니?!

깜

짝

네로잖아?

이제 위험에 빠지는
일은 없을 거야.

이제 새 학기가
되었으니 공부도
열심히 해야지.

참, 도훈이에게도 패션쇼 티켓을 줘야겠다.

응?

우리 엄마 패션쇼 티켓이야. 이번 주에 꼭 보러 와.

와, 재밌겠다!

엄청 좋은 카메라를 가지고 가야지!

정말? 나도 구경해야지.

사실 요즘 보석요정의 활동이 뜸해서* 사진 찍을 기분이 안 났는데.

응?

뜨끔

*뜸하다: 자주 있던 소식이 한동안 없다.

좋았어. 이번 패션쇼 때 열심히 찍으면서 다시 기운을 내는 거야!

불끈

언젠가 다시 나타날 보석요정을 준비된 자세로 기다리는 거지!

짠!

하하

넌 유독 보석요정 이야기만 나오면 흥분하더라?

당연하지.

다음엔 꼭 내 손으로 보석요정의 사진을 찍을 거야!

그, 그래? 하하하~

스슥

다시 돌아오게 될 때까지 얼마나 고생을 했는지! 크흑~

그렇죠.

크흑

그동안의 일들을 생각하면 머리가 아프군요.

도리 도리

불의 산에 올라갔다가 울면서 내려온 미호님을 달래느라 고생한 걸 생각하면……

그런 건 기억하지 마!!

고생들을 해 가며 난 전과 비교할 수 없을 만큼 강해 졌다고! 흥!

후후~

시끄러운 건 여전하구나?

휘익

뭐라고?!

그거야 이미 이곳으로 오는 중이 었으니까 그렇지.

빨리 오고 싶었거든요.

하지만 패션쇼 이야기를 들으니 참을 수가 있어야지. 비행기만큼 빨리 달려왔다고!

언제 어디서 하는 거야? 빨리 말해!

이미 초대장 찍어서 이메일로 보냈어.

화르르르륵

좋았어! 엄청난 계획들을 세워야지!

X, 집에 가면 메일 확인하고 내게 정보를 줘!

네.

메일 확인도 귀찮은 거야?

그리고 일미 너!

응?

처억

내가 말한 발명품 준비는 잘 되어가고 있겠지?

그게 꼭 필요한 거야?

당연하지! 멋있게 만들어 줘야 돼.

두둥

패션쇼 전까진 무슨 일이 있어도 만들어.

흠~

알았지? 어서 약속해!

아, 알았어. 참 끈질기네.

엄청 화려하게 등장해 줘야지. 모두가 깜짝 놀라게!

꼭 그럴 필요 있어?

당연하지. 오랜만이잖아.

씨익

약수와 배수 알아보기

퀴즈 1 ▶ 성하는 네로에게 소시지 12개를 주면서 똑같은 개수로 나누어 보라고 했어요. 소시지 12개를 똑같은 개수로 나눌 수 있는 방법의 가짓수인 12의 약수는 모두 몇 개일까요?

(   )

정답은 134쪽에

퀴즈 2 은비는 원피스의 장식으로 한 곳에 6개씩 구슬을 달려고 해요. 한 곳에 다는 구슬 수의 배수를 가장 작은 수부터 5개 써 보세요.

(   )

퀴즈 3 패션쇼 초대장은 약수와 배수 관계인 수가 쓰인 봉투 안에 들어 있어요. 초대장이 들어 있는 봉투는 모두 몇 개일까요?

(   )

제 2 화
반짝반짝!
패션쇼 현장으로!

자, 엄마가 골라 준
옷 입고 나와 봐.

엄마, 오늘 내가
패션쇼 모델이 되는 게
아니라니까요.

그래도 패션쇼
가는데 아무렇게나
입고 갈 순 없잖아.

다 입었으면
어서 나와 보렴.

아휴~ 참.

끼이익

으으~

여긴 사람이 많으니까 조심해.

응.......

두근

정신 차리자.

애들아, 은비는 3번 대기실에 있대.

어서 가 보자.

응!

3 대기실

49 ▶

브로치들 좀 정리해야겠다.

은비야, 우리 왔어!

모두 와 줬구나!

지금 뭐하는 중이야?

브로치들을 정리하려고.

빨간 브로치가 24개 있고, 파란 브로치가 32개 있어.

이것을 될 수 있는 대로 많은 묶음으로 남김없이 똑같이 나누려고 해.

복잡하군.

일단 막 집어넣다 보면 되지 않을까?

제대로 정리하고 싶었는데…….

그럴 때 최대공약수를 구해서 쉽게 정리할 수 있어.

최대공약수?

24와 32의 공약수 ← 2) 24 32
12와 16의 공약수 ← 2) 12 16
6과 8의 공약수 ← 2) 6   8
                            3   4
⇩
최대공약수: $2 \times 2 \times 2 = 8$

24와 32의 최대공약수는 8이니까 빨간색 3개, 파란색 4개씩 모두 8묶음으로 정리하면 되겠네.

Quiz

12와 18의 최대공약수를 구하시오.

) 12 18

(   )

▶ 정답은 52쪽에

오, 좋은데?

그렇게 계산하니 정말 편하다!

어서 해 보자!

3 대기실

쿠쿠~ 난 벌써 하고 있었다고.

정리 끝!

모두 정말 고마워!

짝 짝

진짜 예뻐!

모두 좋아해 주니 뿌듯하구나. 호호~

엄마는 준비를 더 해야 하니, 친구들이랑 구경 잘 하렴.

네!

안녕하세요?

은비 왔구나.

행사를 준비하는
사람들이 이렇게
많구나.

신기해!

♪따라라라라ー
따라ー♪

곧 패션쇼가
시작하려나 봐!

자, 어서 우리도
자리에 앉자.

응!

우아~ 무대가
바로 앞에 보여!

특별히
좋은 자리로
부탁했지.

두근

두근

가슴이 자꾸
두근거려.

후후~

찾았다.
저기 있군.

두둥

지금 마음껏 즐겨 둬.
곧 더 재밌는 일이
벌어질 테니까.

크크크~

스슥

♪♬♪
촤
라 락

드디어
시작이다!

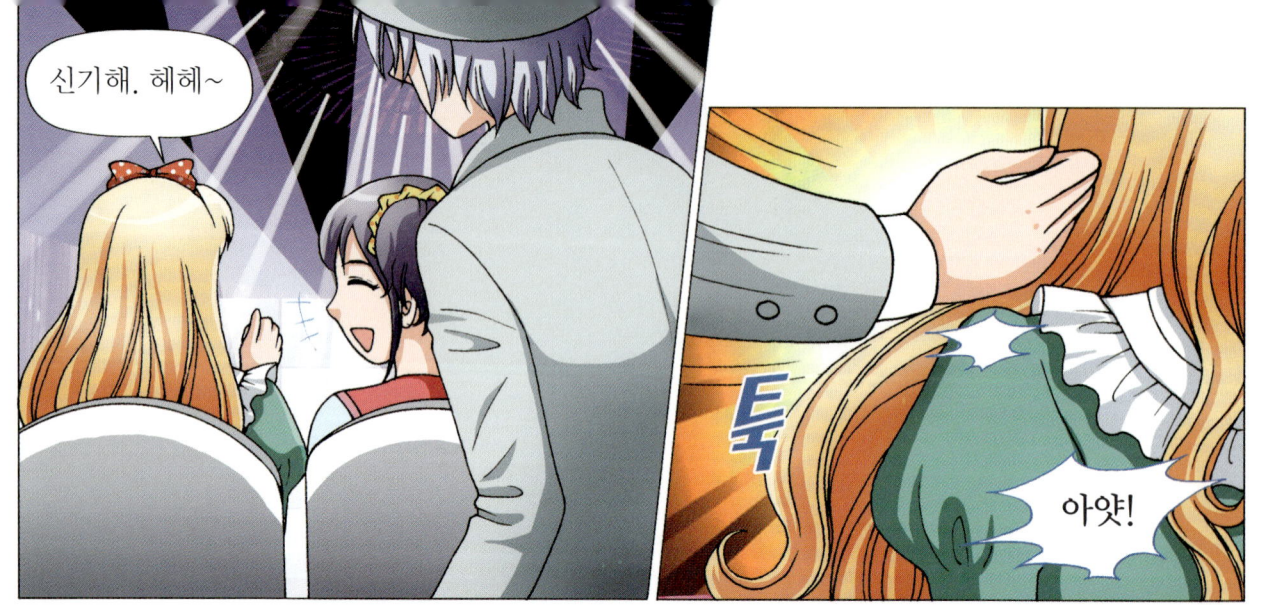

신기해. 헤헤~

아얏!

죄송합니다.

아, 괜찮아요.

훗.

별거 아니군요.

알겠어. 또 다른 발명품은?

이미 먼저 와서 설치해 놨어.

좋았어!

시간 잘 맞춰야 해.

난 걱정 안 해도 돼.

그리고 이 일이 끝나면 내 연구소에 필요한 장치들 사 주기로 한 거 잊지 마.

끙~ 기억 못할 줄 알았는데.

참, '파직파직 찌릿찌릿 무지개 꾸불이'는 물에 약하니까 물을 조심하도록 해.

물에 닿으면 금방 고장이 날 거야.

저벅 저벅

뭐라고?

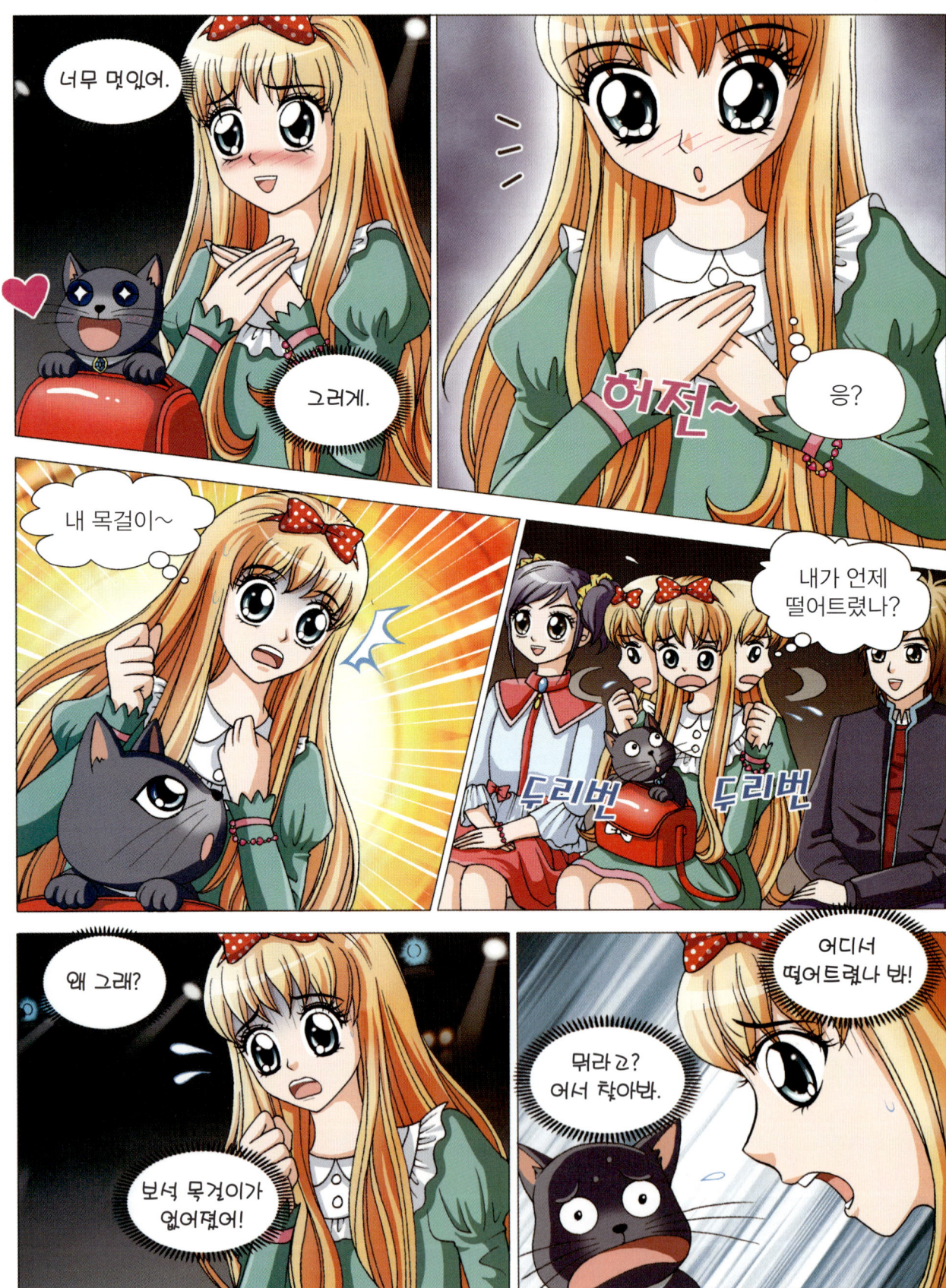

혹시 아까 화장실에서 떨어트린 거 아냐?

그, 그런가?

성하야. 너 왜 그래?

사실대로 말하면 다들 패션쇼에 집중 못하겠지?

아, 그게……

나 화장실 좀 다녀올게.

그래, 다녀와.

많이 급했나 보네.

후다닥

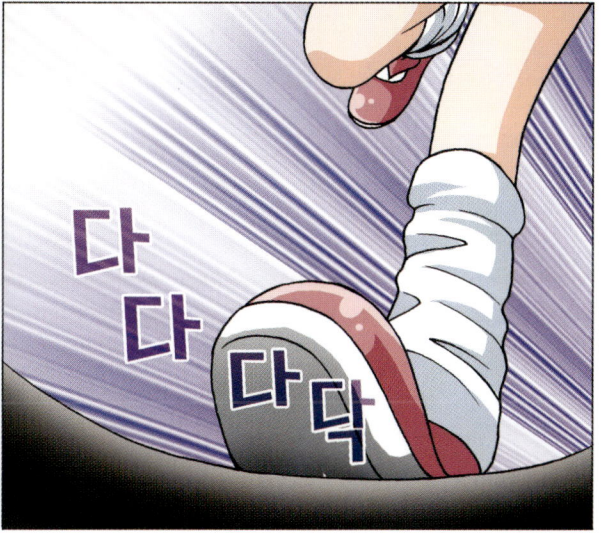

다 다 다 닥

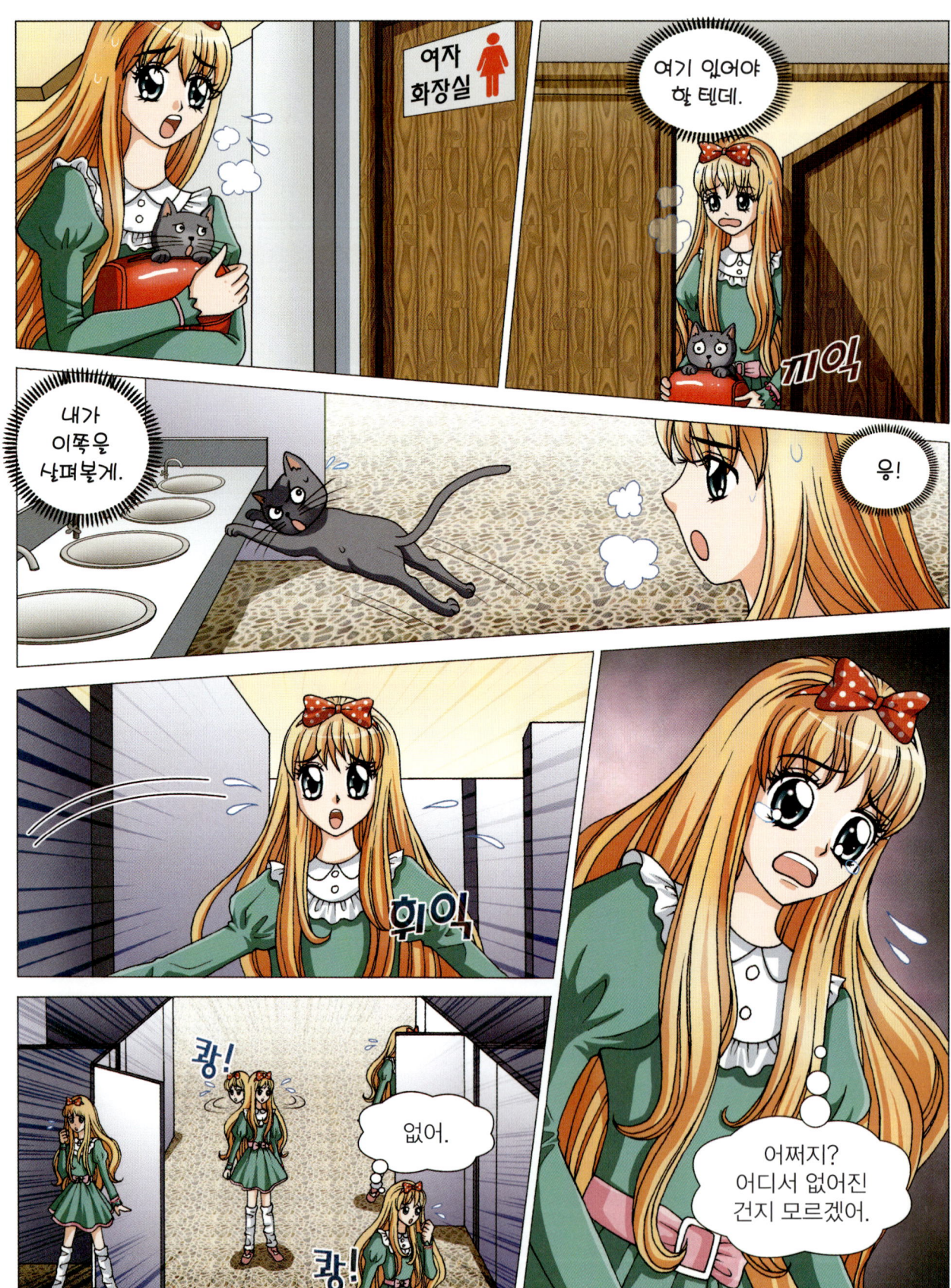

복도에는 아무것도 안 보이는데…….

혹시 패션쇼장 안에 있으려나?

스윽

움찔

쿠궁

응? 잠깐. 이 느낌은…….

코오오오

어디에서 나오는 거지?

큰일났네.
목걸이를 잃어
버렸는데…….

사람이 많으니
이 옷이라도 걸치고
나가는 게 좋겠어.

아, 그래.

어쩌지?
목걸이를 먼저
찾아야 하는데.

성하야, 부탁할게.

응?

꼬옥

엄마의 패션쇼를
망치지 않게 도와줘.

그래.
걱정하지 마.

뭉클

자~ 모두 여기를 보세요.

이제부터 진짜 쇼가 벌어질 예정입니다!

휘 리 릭

미호, 대체 여긴 왜 온 거지?

무슨 짓을 하려는 거야?

아 하 하 하

2층의 조명도 잘 해결됐군. 모든 준비가 완벽해.

음냐 음냐

쿠울

하아~ 귀찮아.
나에게 이런 걸
시키다니.

그래도 내 발명품인
'꿈나라로 꿈동산으로
무지갯빛'은 보여 줘야겠지?

직접 나와서
일하는 건 내
방식이 아닌데.

두
둥

난 여기까지만
도와주면 미호가
알아서 할 테니까.

자~ 시작해 볼까?

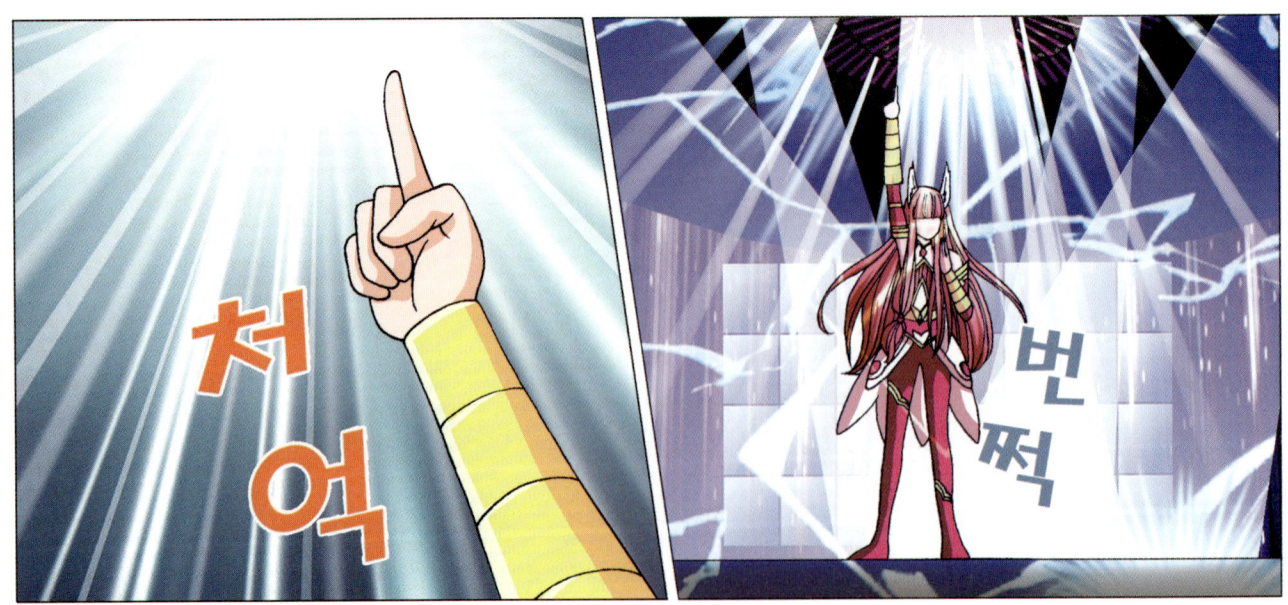

근데 왜
이렇게 졸리지?

나도 갑자기······.

으음~

음냐~

헉!
모두 잠들었잖아?
뭐지?

으~ 안 돼.
너무 졸려.

모두 꿈나라로
떠나길! 아하하하~

개념 체크

공약수와 최대공약수 알아보기

퀴즈 1 ▶ 은비는 패션쇼 기념품인 반짇고리 18개와 옷핀 30개를 될 수 있는 대로 많은 친구들에게 남김없이 똑같이 나누어 주려고 해요. 친구 몇 명에게 나누어 줄 수 있을까요?

(   )

정답은 134쪽에

 **퀴즈 2**

무대 천장에 막대 모양 조명 42개와 둥근 모양 조명 35개를 각각 같은 수만큼 될 수 있는 대로 많은 장소에 남김없이 똑같이 설치하려고 해요. 모두 몇 군데에 설치할 수 있나요?

(   )

 **퀴즈 3**

무대 위에서 공연할 남자 15명과 여자 12명을 한 조에 남자와 여자 수가 각각 같게 나누어 세우려고 해요. 모두 몇 조로 나누어 세울 수 있을까요? (단, 1조에 모두 세우지 않습니다.)

(   )

제 3 화
보석 요정의
힘이 필요해!

크울

ZZ ZZ

ZZ ZZ

쿨~

미호! 이런 짓을 하다니!

크하하~ 모두 잠들어 버려라!!

타닥!

불의 산은 너무 뜨겁다고! 한 번 다녀오면 이틀은 쉬어 줘야 해!!

저도 5일마다 한 번씩 밖에 못 갔죠.

그래. 그러다 마주치는 날도 있었지?

그게 수련한 지 며칠 뒤였더라 …….

잠깐! 내가 말할 거야! 3일 뒤였나? 6일 뒤였나?

공배수?

공배수로 알아보면 되는데.

미호님이 3일마다, 제가 5일마다 불의 산에 갔으니까 3과 5의 공배수로 알아보면 돼요.

3의 배수: 3, 6, 9, 12, (15), 18

5의 배수: 5, 10, (15), 20, 25

수련을 시작한 지 15일 뒤에 만났겠군요.

흠~ 그렇군.

슬금 슬금

이 틈에 도망쳐 볼까.

Quiz

다음을 보고 4와 6의 공배수를 2개 찾아 쓰시오.

• 4의 배수
- 4, 8, 12, 16, 20, 24……
• 6의 배수
- 6, 12, 18, 24, 30……

(   )

▶ 정답은 90쪽에

목걸이가 없어진 걸 들키면 안 되는데.

우리 힘을 빼앗을 수 있을 거 같아?

적어도 이 목걸이는 빼앗아 왔죠. 훗~

쳐억

아니?!

내 목걸이! 너희가 가져갔구나!!

어서 돌려줘!

후후~ 글쎄!

가져갈 수 있으면 가져가 보던지!!

촤라라락

챗~

와아아악

까아

보석이 도와주는
건가? 그냥
놓아줄 순 없죠.

히, 힘이
나온 건가?

다시 한 번
막아 보시지!!

성하야!

위험해!!

와아아아악

으악! 더 조이잖아?

파아아악

너, 너구나! 이깟 붕대! 에잇~

큭~ 힘듭니다.

X가 제 보석 목걸이를 가져갔어요!

앗!!

스르르륵

탓

크윽!!

파아앗

자, 여기.

감사합니다!

와아~

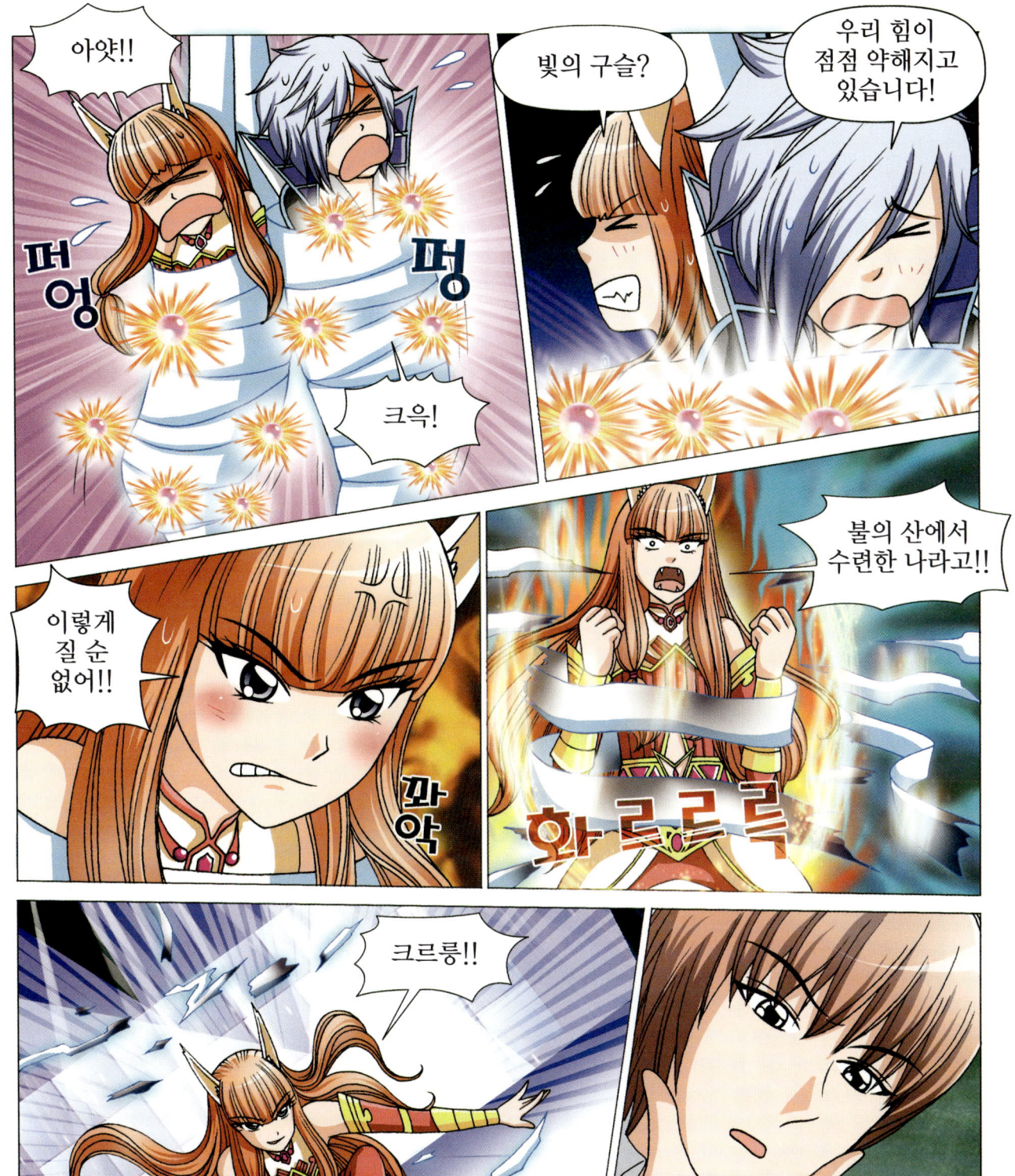

사람들이 잠에서
깨어나나 봐.

그러네.

미호네가
사라져서
잠에서
깨는 거야.

뒤척

뒤척

성하, 넌 어서
옷 갈아입고 와.
들키지 말고.

네!

나도 이쯤에서
빠지는 게 좋겠군.

다
다
다
다

나중에 봐.

음, 졸려…….

아니?

뒤척

뒤척

휘릭

다
다
다
닥

화려한 여자아이……

왠지 익숙해. 마치…….

비틀

마치 보석요정 같아…….

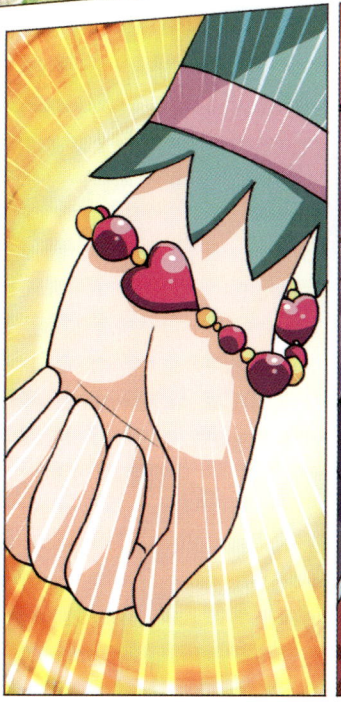

저 팔찌는…….

어디서 본 거
같은데……

털썩

으음~ 이게
무슨 일이야.

꺅! 이대로는
안 돼!

다음 모델! 빨리!

하암~

결국 미호가 졌군.

이왕 이렇게
된 거 마무리는
예쁘게 서비스
해 줘야지.
후훗~

멋지다.

짝
짝
짝

헉! 너희 언제 왔어?

투 둥

아까부터 와 있었어.
박수부터 치자.

짝 짝 짝

응? 응.

헤헤~

오늘 와 줘서 고마웠어. 조심히 들어가~

우리도 재밌었어! 모두 잘 들어가.

잘 가. 후훗~

월요일에 보자.

하~ 재밌었다.

재밌기만 했어?

앗! 깜짝이야.

또 보석 목걸이 잃어버릴 거야? 응?

알았어. 더 조심한다니까.

아무튼 이제 시작이니까 미리 겁먹지 마.

다시 시작이라니 더 겁이 나는 것 같아…….

두근

나만 믿으라고! 다 괜찮아!

하하~ 알겠어.

그런데 카이 선생님이 오자마자 쓰러진 건 누구?

그, 그건~

하하하

스 으 옥

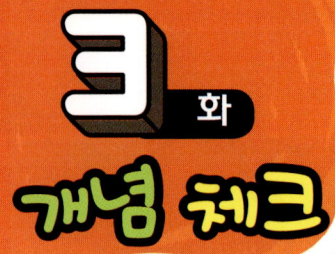

공배수와 최소공배수 알아보기

퀴즈 **1** ▶ 미호는 전기 공격을 보석요정에게는 6초에 한 번씩, 네로에게는 4초에 한 번씩 했어요. 지금 동시에 전기 공격을 했다면 다음 번에 전기 공격을 동시에 하는 때는 몇 초 후인가요?

(   )

정답은 134쪽에

퀴즈 2 카이가 펼친 붕대의 길이는 24로 나누어도 16으로 나누어도 나누어떨어집니다. 카이의 붕대 길이가 될 수 있는 두 자리 수 중에서 가장 짧은 길이는 몇 m일까요?

이 붕대의 길이는 24로도 16으로도 나누어떨어져.

(   )

퀴즈 3 버스정류장에 성하가 탈 버스는 15분마다 한 대씩 오고, 카이가 탈 버스는 25분마다 한 대씩 옵니다. 오후 2시에 두 버스가 동시에 왔다면 다음 번에 동시에 오는 시각은 오후 몇 시 몇 분인가요?

우리 집으로 가는 버스는 15분마다 와요.

내가 탈 버스는 25분마다 오는데~

(   )

스토리텔링 문제

개념 스토리 1 | 약수

1 은비가 사탕 4개를 가지고 있습니다. 4개를 똑같이 여러 묶음으로 나누어 보시오.

2 성하는 숫자 8을 좋아합니다. 숫자 8을 나누어떨어지게 하는 수를 모두 구하시오.

(   )

정답은 134쪽에

3 선생님께서 빵 20개를 여러 접시에 똑같이 나누어 담으라고 하셨습니다. 똑같이 나누어 담을 수 없는 방법을 말한 사람은 누구입니까?

(　　　　　　　　　　)

4 성하와 친구들이 좋아하는 숫자를 써서 들고 있습니다. 약수가 가장 많은 수는 어느 것입니까?

(　　　　　　　　　　)

5 성하가 도훈이에게 8이 320의 약수인 이유를 묻고 있습니다. □ 안에 알맞게 써넣어 8이 320의 약수인 이유를 완성하시오.

[　　] 을 [　] 로 나누면 [　　] ÷ [　] = [　　] 으로 나누어떨어지기 때문입니다.

💻 개념 스토리 2 배수

6 미호, X, 일미는 369게임을 하고 있습니다. 계속 박수를 쳐야 하는 사람은 누구입니까?

(   )

7 성하는 다음 달부터 7의 배수인 날에 용돈을 받기로 했습니다. 오른쪽 달력에서 용돈을 받는 날에 ◯표 하시오.

8 은비는 어떤 수의 배수를 가장 작은 수부터 쓰고 있습니다. 10번째 수는 무엇입니까?

(   )

9 성하는 같은 모둠인 학생들과 이야기를 나누고 있습니다. 지은이의 이모는 몇 세입니까?

(   )

10 두 수가 약수와 배수의 관계인 것을 모두 선으로 이으시오.

스토리텔링 문제

11 성하가 좋아하는 수와 도훈이가 좋아하는 수의 공약수를 모두 구하시오.

(   )

12 은비가 빨간색 구슬 16개와 파란색 구슬 24개를 몇 묶음으로 나누려고 합니다. 나눈 각 묶음에는 같은 색의 구슬이 모두 같은 수만큼 있게 하려합니다. 나눌 수 있는 묶음의 수를 모두 구하시오. (1묶음으로 나눈 것도 생각합니다.)

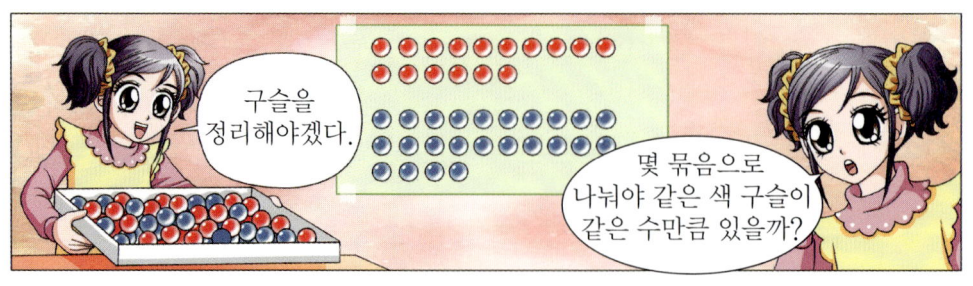

(   )

정답은 134쪽에

개념 스토리 4   최대공약수

13 성하의 어머니께서 쿠키와 머핀을 만드셨습니다. 쿠키와 머핀을 될 수 있는 대로 많은 친구들에게 남김없이 나누어 주면 몇 명까지 나누어 줄 수 있습니까?

(   )

14 도훈이와 성하가 16과 24를 여러 수의 곱으로 나타냈습니다. 이 곱셈식을 보고 16과 24의 최대공약수를 구하시오.

$$16 = 2 \times 2 \times 2 \times 2$$
$$24 = 2 \times 2 \times 2 \times 3$$

16과 24의 최대공약수: □ × □ × □ = □

15 도훈이가 최대공약수를 구하는 방법을 설명하고 있습니다. □ 안에 알맞은 수를 써넣어 최대공약수를 구하시오.

최대공약수:

$3 \times \boxed{} = \boxed{}$

16 은비는 머리 끈 18개와 머리핀 27개를 될 수 있는 대로 많은 친구들에게 남김없이 똑같이 나누어 주려고 합니다. □ 안에 알맞은 수를 써넣으시오.

$\boxed{}$ 명에게 머리 끈 $\boxed{}$ 개, 머리핀 $\boxed{}$ 개씩을 줄 수 있습니다.

17 성하와 친구들이 수가 쓰여진 종이를 들고 있습니다. 최대공약수가 가장 큰 것을 들고 있는 친구의 이름을 쓰시오.

(   )

개념 스토리 5 공배수와 최소공배수

18 X와 같은 방법으로 15와 40의 최소공배수를 구하시오.

19 다음을 보고 두 수의 최소공배수를 구하려고 합니다. □ 안에 알맞은 수를 써 넣으시오.

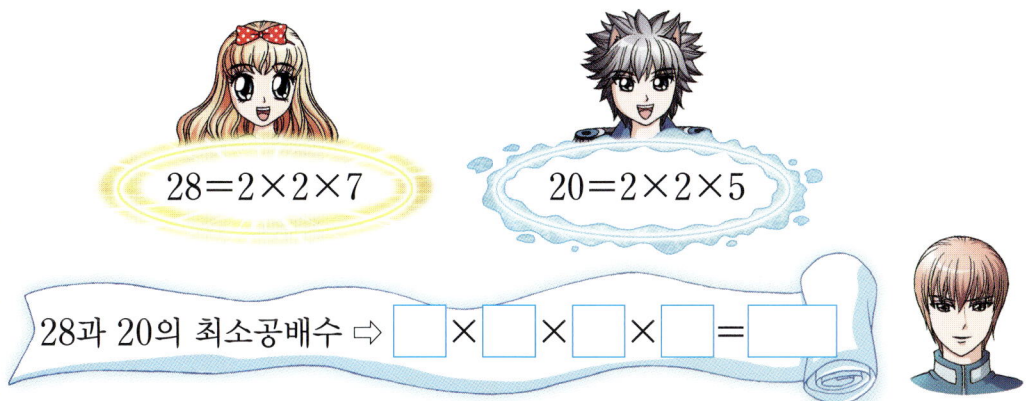

$28 = 2 \times 2 \times 7$

$20 = 2 \times 2 \times 5$

28과 20의 최소공배수 ⇨ □ × □ × □ × □ = □

스토리텔링 문제

20 도훈, 성하, 은비는 4주에 한 번씩 벽화 봉사 활동을 하고, 6주에 한 번씩 환경 봉사 활동을 하기로 했습니다. 이번 주에 두 가지를 동시에 했다면 다음번에 두 가지를 동시에 할 때는 몇 주 뒤입니까?

(   )

21 오른쪽의 대화를 보고 27과 36의 공배수를 가장 작은 것부터 3개만 구하시오.

(   )

22 은비는 오늘 산세비에리아와 벤자민고무나무에 모두 물을 주었습니다. 다음번에 두 화분에 같이 물을 주는 날은 며칠 뒤입니까?

(   )

23 성하는 패션쇼장에 버스를 타고 가려고 버스 정류장에 왔습니다. 패션쇼장에 가는 ㉮ 버스는 15분마다, ㉯ 버스는 20분마다 옵니다. 지금 두 버스가 동시에 온 다음에 떠났다면 다음번에 두 버스가 동시에 오는 시간은 몇 분 뒤입니까?

(   )

24 조명실에 있는 일미는 녹색 불과 **빨간색** 불을 깜박거리게 하려고 합니다. 두 불이 동시에 켜진 다음의 5분 동안 두 불이 동시에 켜져 있는 시간은 몇 초인지 알아보시오.

(1) 동시에 켜진 다음 몇 초 뒤에 다시 동시에 켜집니까?

(   )

(2) 동시에 켜진 다음 다시 동시에 켜지기 전까지 함께 켜져 있는 시간은 몇 초입니까?

(   )

(3) 동시에 켜진 다음 5분 동안 함께 켜져 있는 시간은 몇 초입니까?

(   )

수학 지식의 백과사전

• 약수와 배수의 특징

 약수의 특징

① 모든 자연수는 1로 나누어떨어지므로 1은 모든 수의 약수입니다.

② 어떤 수의 약수 중에서 가장 작은 수는 1입니다.

③ 어떤 수의 약수 중에서 가장 큰 수는 어떤 수입니다.

④ 어떤 수의 약수에는 1과 어떤 수가 항상 포함됩니다.

⑤ 약수의 개수는 수가 크다고 항상 많은 것은 아닙니다.

⑥ 약수의 개수가 홀수인 수는 같은 수를 2번 곱한 수입니다.

같은 수를 2번 곱한 수를 제곱수라고 해.

제곱수에는 1, 4, 9, 16, 25…… 가 있어.

배수의 특징

① 어떤 수의 배수는 무수히 많습니다.

② 모든 자연수는 1의 배수입니다.

③ 어떤 수의 배수 중에서 가장 작은 수는 어떤 수입니다.

• 어떤 수의 배수인지 알아내는 방법

① 맨 뒤의 숫자가 짝수이면 2의 배수입니다.

② 각 자리 숫자를 더한 값이 3의 배수이면 3의 배수입니다.

③ 맨 뒤의 두 자리 수가 4의 배수이면 4의 배수입니다.

④ 맨 끝자리 숫자가 0이나 5이면 5의 배수입니다.

• 소수만 찾아내는 에라토스테네스의 체

소수는 약수가 1과 자기 자신뿐인 자연수, 즉 약수가 2개인 자연수를 의미합니다. 소수를 찾아내는 방법은 아주 오래 전부터 알려져 있었는데, 대표적인 것이 '에라토스테네스의 체'입니다.

자연수를 체로 쳐서 소수를 골라낸다는 의미야.

소수에는 2, 3, 5, 7······ 이 있어.

▲ 에라토스테네스
(CC By Katy Tzaralunga)

〈에라토스테네스의 체로 소수를 찾아내는 방법〉

① 1은 약수가 하나뿐이므로 제외합니다. 그 다음 작은 수인 2는 소수입니다.

② 2 이외의 2의 배수를 모두 제외합니다. 남은 수 중 가장 작은 수인 3은 소수입니다.

③ 3 이외의 3의 배수를 모두 제외합니다. 남은 수 중 가장 작은 수인 5는 소수입니다.

④ 5 이외의 5의 배수를 모두 제외합니다. 남은 수 중 가장 작은 수인 7은 소수입니다.

⑤ 7 이외의 7의 배수를 모두 제외합니다. 남은 수 중 가장 작은 수인 11은 소수입니다.

⑥ 이와 같은 방법을 반복하면 원하는 범위 안의 소수를 모두 찾아낼 수 있습니다.

1 1부터 20까지의 수 중에서 소수를 모두 찾아 쓰시오.

(   )

정답과 풀이

1화 **개념체크** 42~43쪽

퀴즈 1 6개　　**퀴즈 2** 6, 12, 18, 24, 30

퀴즈 3 3개

풀이

1 12의 약수인 1, 2, 3, 4, 6, 12로 나누면 똑같이 나눌 수 있습니다.

2 $6 \times 1 = 6$, $6 \times 2 = 12$, $6 \times 3 = 18$,
$6 \times 4 = 24$, $6 \times 5 = 30$

3 두 수가 약수와 배수 관계인 것은
(3, 21), (96, 12), (84, 7)로 3개입니다.

2화 **개념체크** 82~83쪽

퀴즈 1 6명　　**퀴즈 2** 7군데

퀴즈 3 3조

풀이

1 18과 30의 최대공약수를 구합니다.
$$2) \underline{18 \quad 30}$$
$$3) \underline{\;9 \quad 15}$$
$$\quad 3 \quad 5 \quad \Rightarrow 최대공약수: 2 \times 3 = 6$$

2 42와 35의 최대공약수를 구합니다.
$$7) \underline{42 \quad 35}$$
$$\quad 6 \quad 5 \quad \Rightarrow 최대공약수: 7$$

3 15와 12의 최대공약수를 구합니다.
$$3) \underline{15 \quad 12}$$
$$\quad 5 \quad 4 \quad \Rightarrow 최대공약수: 3$$

3화 **개념체크** 120~121쪽

퀴즈 1 12초 후　　**퀴즈 2** 48 m

퀴즈 3 오후 3시 15분

풀이

1 6과 4의 최소공배수가 12이므로 다음 번에 전기 공격을 동시에 하는 때는 12초 후입니다.

2 24로 나누어도 16으로 나누어도 나누어 떨어지는 수는 24와 16의 최소공배수입니다.

3 15와 25의 최소공배수는 75이므로 다음 번에 두 버스가 동시에 오는 시각은 75분 후인 1시간 15분 후입니다.

스토리텔링 문제 122~131쪽

1 예  , 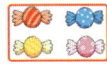 ,

2 1, 2, 4, 8　　**3** 성하

4 도훈　　**5** 320, 8, 320, 8, 40

6 X

7 7, 14, 21, 28에 ○표

8 50　　**9** 36세

10 (꺾은선 그림)　　**11** 1, 2, 4

12 1, 2, 4, 8　　**13** 5명

14 2, 2, 2, 8

15 (위에서부터) 5, 1, 4 ; 5, 15

16 9, 2, 3　　**17** 아린

18 $5) \underline{15 \quad 40}$
$$\quad\quad 3 \quad 8$$
$$5 \times 3 \times 8 = 120$$

19 2, 2, 5, 7, 140

20 12주 뒤

21 108, 216, 324

22 80일 뒤　　**23** 60분 뒤

24 (1) 12초 뒤 (2) 6초 (3) 150초

1 1묶음, 2묶음, 4묶음으로 나눌 수 있습니다.

2 $8÷1=8$, $8÷2=4$, $8÷4=2$, $8÷8=1$ 이므로 8을 나누어떨어지게 하는 수는 1, 2, 4, 8입니다.

3 $20÷3=6…2$이므로 한 접시에 3개씩 담으면 똑같이 나누어 담을 수 없습니다.

4 8의 약수: 1, 2, 4, 8 ⇨ 4개
7의 약수: 1, 7 ⇨ 2개
12의 약수: 1, 2, 3, 4, 6, 12 ⇨ 6개
15의 약수: 1, 3, 5, 15 ⇨ 4개

6

일미	1	4	7	10	13	16	……
미호	2	5	8	11	14	17	……
X	3	6	9	12	15	18	……

따라서 계속 박수를 쳐야 하는 사람은 X 입니다.

9 지은이와 띠가 같은 나이는 12세, 24세, 36세, 48세……이므로 30대인 이모는 36세입니다.

11 8의 약수는 1, 2, 4, 8이고 12의 약수는 1, 2, 3, 4, 6, 12이므로 8과 12의 공약수는 1, 2, 4입니다.

12 16과 24의 공약수는 1, 2, 4, 8이므로 1 묶음, 2묶음, 4묶음, 8묶음으로 똑같이 나눌 수 있습니다.

13 30과 25의 최대공약수는 5이므로 5명까지 나누어 줄 수 있습니다.

16 18과 27의 최대공약수는 $3×3=9$이므로 9명에게 머리 끈 $18÷9=2$(개), 머리 핀 $27÷9=3$(개)씩을 줄 수 있습니다.

17 30과 42의 최대공약수: 6
24와 36의 최대공약수: 12
45와 27의 최대공약수: 9

28과 42의 최대공약수: 14

20 4와 6의 최소공배수는 12이므로 다음번에 두 가지를 동시에 할 때는 12주 뒤입니다.

21
```
3 ) 27  36
3 )  9  12      ⇨ 최소공배수:
     3   4        3×3×3×4=108
```
27과 36의 최소공배수는 108이므로 27과 36의 공배수는 108의 배수인 108, 216, 324, 432, 540……입니다.

22
```
2 ) 40  16
2 ) 20   8
2 ) 10   4      ⇨ 최소공배수:
     5   2        2×2×2×5×2=80
```

23
```
5 ) 15  20      ⇨ 최소공배수:
     3   4        5×3×4=60
```

24 (1) 녹색 불은 $2+1=3$(초)마다 빨간색 불은 $3+1=4$(초)마다 새로 켜집니다. 3과 4의 최소공배수는 12이므로 두 불은 동시에 켜진 다음 12초 뒤에 다시 동시에 켜집니다.

(2) 12초 동안 동안에 켜져 있는 시간을 그림을 그려 알아보면

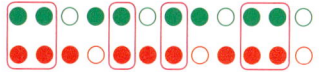

6초입니다.

(3) 12초 동안 함께 켜져 있는 시간은 6초이므로 절반 동안은 동시에 켜져 있습니다. 5분은 $60×5=300$(초)이므로 5분 동안 함께 켜져 있는 시간은 $300÷2=150$(초)입니다.

수학 지식의 백과사전　　　**133쪽**

1 2, 3, 5, 7, 11, 13, 17, 19

1:1 맞춤학습의 해결사

해법수학교실